Reecha Sharma
Jasmeet Kaur

Método de verificação da assinatura manuscrita offline

Reecha Sharma
Jasmeet Kaur

Método de verificação da assinatura manuscrita offline

Baseado no Sistema de Reconhecimento Imunitário Artificial e na Rede Neural Artificial

ScienciaScripts

Imprint

Any brand names and product names mentioned in this book are subject to trademark, brand or patent protection and are trademarks or registered trademarks of their respective holders. The use of brand names, product names, common names, trade names, product descriptions etc. even without a particular marking in this work is in no way to be construed to mean that such names may be regarded as unrestricted in respect of trademark and brand protection legislation and could thus be used by anyone.

Cover image: www.ingimage.com

This book is a translation from the original published under ISBN 978-620-2-06041-7.

Publisher:
Sciencia Scripts
is a trademark of
Dodo Books Indian Ocean Ltd. and OmniScriptum S.R.L publishing group

120 High Road, East Finchley, London, N2 9ED, United Kingdom
Str. Armeneasca 28/1, office 1, Chisinau MD-2012, Republic of Moldova, Europe
Printed at: see last page
ISBN: 978-620-7-98157-1

RESUMO

O sistema imunitário natural oferece várias opções fascinantes que motivaram o planeamento de Sistemas Imunitários Artificiais (SIA) habituados a resolver questões variadas de engenharia e Inteligência Artificial (IA). Os AIS estão a prosperar significativamente em aplicações de deteção e diagnóstico de falhas, em que anomalias como erros e falhas são assimiladas a vírus que devem ser detectados. Assim, os AIS parecem adequados para descobrir automaticamente falsificações em sistemas de verificação de assinaturas. Este trabalho propõe uma técnica de verificação de assinaturas offline que suporta o Sistema de Reconhecimento Imunitário Artificial (AIRS) e a Rede Neural Artificial (ANN) utilizados na fase de verificação. Para a geração de características, dois descritores totalmente diferentes são projectados para obter traços de assinatura. o principal é que a pirâmide gaussiana utilizada para a síntese de textura que é muito redundante, as escalas grosseiras oferecem muitos dos dados dentro das escalas mais finas e a pirâmide laplaciana Costura perfeitamente ao longo das imagens em uma manta de imagem (ou seja, registra as fotografias e desfoca o limite), suavizando o limite em um estilo muito dependente da escala para evitar artefatos de limite. O segundo descritor é o detetor de arestas canny, que detecta uma vasta seleção de arestas na imagem. A análise de desempenho é efectuada em conjuntos de dados GPDS-100. Os resultados obtidos mostraram que o sistema proposto tem um desempenho prometedor e, com pouca frequência, supera o estado da arte.

A RNA é uma técnica de classificação no domínio da teoria da aprendizagem da matemática aplicada que tem sido aplicada com êxito em aplicações de reconhecimento de padrões, como o reconhecimento de assinaturas, rostos e oradores, ao passo que o k-NN pode ser uma técnica não paramétrica utilizada para a classificação da verificação de assinaturas. Este trabalho também apresenta uma comparação dos dois classificadores na verificação de assinaturas fora de linha. Para o efeito, foi criado um protocolo associado de aprendizagem e teste aceitável para observar o potencial dos classificadores.

ÍNDICE DE CONTEÚDOS

LISTA DE ABREVIATURAS

Abbreviations	Full Form
AIRS	Artificial Immune Recognition System
AI	Artificial Intelligence
AIS	Artificial Immune System
ANN	Artificial Neural Network
k- NN	k -Nearest Neighbors
SVM	Support Vector Machine
HMM	Hidden Markov Model
LBP	Local Binary Pattern
DTW	Dynamic Time Warping
FAR	False Acceptance Rate
FRR	False Rejection Rate
AER	Average Error Rate
NN	Neural Network
LCSS	Longest Common Sub Sequences
FDM	Feature Dissimilarity Measures
CT	Contour let Transform

DCCM   Directional Code Co-occurrence Matrix

GPDS   Grupo de Procesado Digital de Senales

CAPÍTULO 1

INTRODUÇÃO

Os seres humanos reconhecem-se uns aos outros com base em várias características, como o reconhecimento de rostos, vozes quando falamos, etc. Estas são as características da sua identidade. Para encontrar uma forma mais fiável de identificação e verificação, devemos utilizar algo que reconheça a pessoa em causa.

1.1 Sistema biométrico

A técnica de reconhecimento biométrico é utilizada para identificar o indivíduo com base nos seus aspectos biológicos e comportamentais, por exemplo, impressão digital, rosto, íris, impressão da palma da mão, retina, geometria da mão, voz e assinatura. A figura 1.1 mostra várias características biométricas [17].

O nome, o número de segurança social, etc. são um conjunto de características que definem a identidade pessoal de uma pessoa. A criação e a associação destes atributos a um indivíduo, bem como a gestão e a destruição destas identidades, são efectuadas pela gestão da identidade. O processo de autenticação de uma pessoa é bastante difícil de efetuar porque é necessário expor a identidade predefinida e verificar a reivindicação de identidade da pessoa. O sistema de autenticação biométrica fornece um resultado fiável para as seguintes questões

- Se a identidade reivindicada é verdadeira ou válida?

- Quem é esta pessoa?

- Esta pessoa está numa lista de pessoas a vigiar?

A verificação e a identificação pessoal são um domínio de investigação em crescimento. Existem muitos métodos baseados em diferentes características pessoais, como a voz, o movimento dos lábios, a geometria da mão, o odor, a íris, o rosto, a retina, as impressões digitais e as características comportamentais, que são designados por biometria. A biometria pode ser explicada como a medição das características psicológicas ou comportamentais do ser humano, que podem ser utilizadas para a identificação e verificação pessoais. Como o papel da Internet está a crescer, esta pode ser utilizada para aplicações consideráveis, como o comércio eletrónico, o sistema bancário eletrónico e as aplicações de segurança.

A vantagem da utilização da biometria em vez das técnicas tradicionais de autenticação, como a palavra-passe, o número PIN, os cartões inteligentes, etc., reside no facto de as características biométricas de um indivíduo não serem facilmente transferíveis, não poderem ser perdidas, roubadas ou quebradas e serem únicas para cada indivíduo. A escolha das soluções biométricas depende do utilizador, do nível de segurança exigido, do custo da precisão e do tempo de implementação [18].

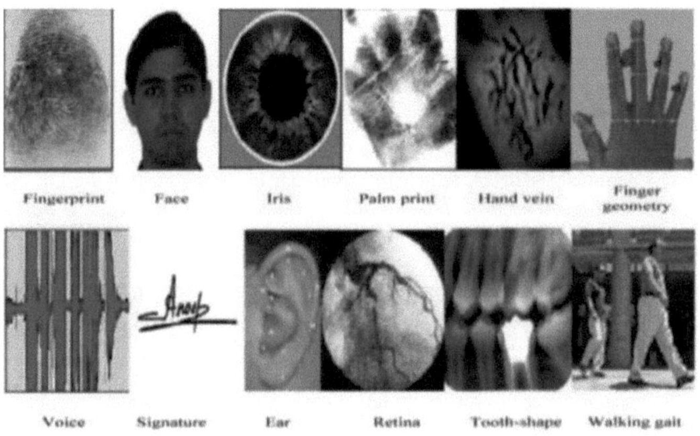

Figure 1.1: Various biometric features

1.2 Segurança do sistema

A segurança do sistema biométrico é importante para verificar se o padrão de entrada corresponde exatamente ao proprietário ou à identidade válida e a correspondência é feita de acordo com as amostras registadas do padrão. Com várias formas de acesso ao sistema por parte de pessoas não autorizadas, o fator de falta da biometria é

1. **Os padrões biométricos não são confidenciais:** Isto significa que uma pessoa não autorizada pode aceder facilmente aos dados de um sistema biométrico válido ou legítimo, por exemplo, a imagem facial de um utilizador atualmente inscrito no sistema biométrico.

2. **Uma vez registado, o modelo não pode ser cancelado:** Significa que, depois de um utilizador ter introduzido os seus dados no sistema biométrico, não pode cancelar o comando de introdução dos dados no sistema.

1.3 Verificação da assinatura

A assinatura é uma biometria comportamental. É o principal mecanismo de autenticação e autorização em transacções oficiais, tendo aumentado a necessidade de um sistema automatizado rentável para a verificação de assinaturas. O assinante ou signatário é a pessoa que assina. A assinatura é considerada como o meio legal e comum para verificar ou identificar a identidade de um indivíduo. Uma assinatura é escrita por um indivíduo como um agrupamento de caracteres ou o nome de uma pessoa e é sempre escrita de uma forma especial [20].

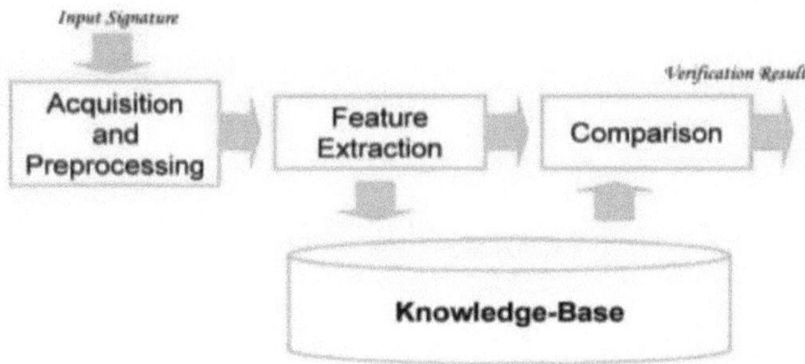

Figure 1.2 : Signature verification System

Nesta técnica, o sistema utilizado serve para verificar se a pessoa está autorizada ou não através da assinatura. Para detetar a fraude que ocorre especialmente na área bancária, esta técnica pode ser utilizada. A verificação automática de assinaturas é o primeiro sistema de verificação visual de assinaturas que verifica as assinaturas e as compara com as assinaturas que já estão armazenadas na base de dados para dar uma melhor proteção e características de segurança, como mostra a figura 1.2 [19].

1.4 Tipos de verificação de assinaturas

A verificação da assinatura manuscrita tem sido amplamente estudada e implementada para várias aplicações, como a banca, a validação de cartões de crédito, sistemas de segurança, etc. [18]. Existem dois tipos principais de autenticação de assinaturas: offline ou online, que se baseiam na forma como a assinatura é efectuada com a caneta, o marcador, etc. [21].

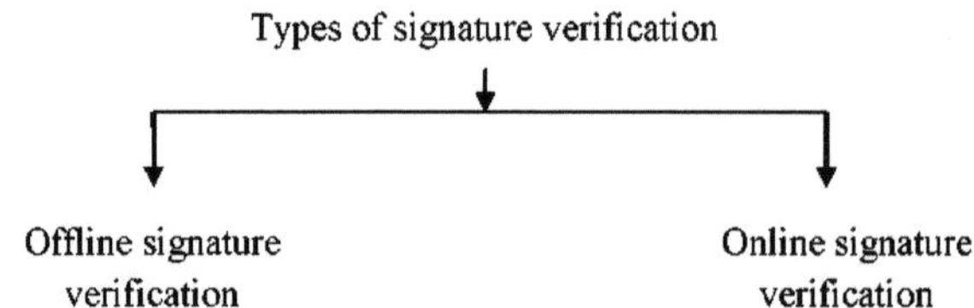

Figure 1.3: Types of signature verification

1.4.1 Verificação de assinatura em linha

O sistema de verificação de assinaturas em linha utiliza a assinatura digitalizada do indivíduo e encontra a sua aplicação nas transacções digitais e no sistema de autenticação. Os sistemas em linha são obtidos em tempo real e são adquiridos através de PDAs operados por uma caneta [23]. Como as assinaturas produzem sinais que variam com o tempo, a velocidade, a aceleração, a pressão e a posição podem ser medidas a partir da assinatura em linha. O reconhecimento dinâmico é outro nome para a assinatura recolhida "em linha" [22]. No modo dinâmico, os utilizadores utilizam uma mesa digitalizadora para escrever a assinatura, como mostra a figura 1.4 [26], e a assinatura é obtida em tempo real com a ajuda de PDAs operados por caneta. A informação dinâmica contém normalmente a informação relacionada com a coordenada espacial x(t), a coordenada espacial y(t), a pressão p(t), o azimute az(t), a inclinação in(t) [24].

Figure 1.4: Online Signature Graphic Tablet

1.4.2 Verificação de assinaturas offline

A verificação da assinatura fora de linha é conhecida como reconhecimento estático. Os utilizadores escrevem as suas assinaturas em papel e, em seguida, são utilizados um scanner ótico ou uma câmara para as digitalizar e, para reconhecer a assinatura analisando as suas formas, é utilizado o sistema biométrico em modo de reconhecimento estático. As assinaturas manuscritas são utilizadas há muito tempo para a verificação pessoal. A verificação offline de assinaturas não requer medições invasivas e as pessoas estão familiarizadas com a utilização de assinaturas na sua vida quotidiana, pelo que é uma técnica amigável, como mostra a figura 1.5 [26]. Os meios legais de verificação da identidade de um indivíduo em instituições administradas e financeiras utilizam a assinatura automática para o reconhecimento [24]. A verificação da assinatura offline utiliza menos controlo eletrónico e utiliza apenas imagens captadas por scanner ou câmara. São utilizadas características extraídas da imagem digitalizada da assinatura. As características utilizadas para a verificação de assinaturas offline são muito mais simples do que as utilizadas online, uma vez que só é necessário avaliar a imagem em píxeis. A ordem dos traços, a velocidade e outras informações dinâmicas não estão disponíveis no caso offline e é difícil conceber muitas características desejáveis na verificação offline. O processo de verificação baseia-se apenas nas características que podem ser extraídas do traço das imagens estáticas da assinatura [25].

Figure 1.5: Offline Signature Verification

A principal missão de algumas organizações de confirmação de assinaturas é verificar se a assinatura é genuína ou falsa. A falsificação é um crime que tem como objetivo a falsificação de uma pessoa. Como as falsificações reais são difíceis de encontrar, os resultados da verificação dependem do tipo de falsificação [33].

1.5 Deteção de falsificações

A verificação offline trata de imagens de assinaturas adquiridas com a ajuda de um scanner ou de uma câmara digital. Num sistema de verificação de assinaturas offline, uma assinatura é tomada como uma imagem. A imagem é um estilo pessoal da caligrafia humana. Um sistema de verificação de assinaturas centra-se na deteção de assinaturas falsificadas. As diferentes categorias de falsificação são apresentadas na figura 1.6.

1.5.1 Tipos de falsificações

A falsificação é a duplicação, alteração ou falsificação de uma assinatura escrita com o objetivo de trair terceiros.

1) Falsificação única: Neste caso, o signatário conhece o nome do doente e cria a assinatura com o seu próprio desenho. Esta falsificação é definitivamente reconhecida visualmente. Sem qualquer informação sobre a forma da assinatura, são feitos duplicados aleatórios.

2) Simulação de falsificação: O falsificador tem acesso a um modelo da assinatura autêntica a partir do qual efectua cópias.

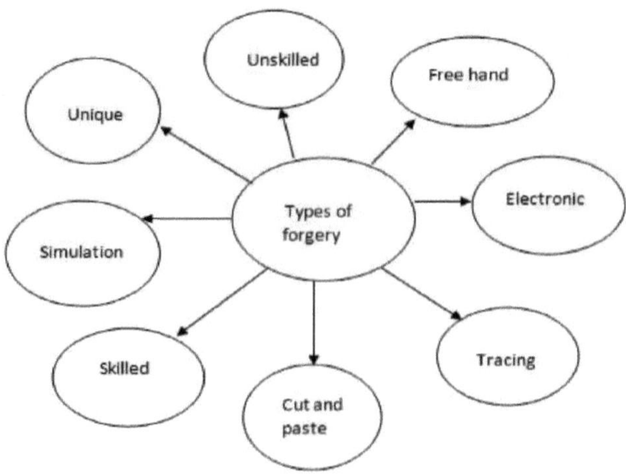

Figure 1.6: Types of Forgery

3) Falsificação não qualificada: Quando o signatário copia a assinatura com o seu próprio desenho,

sem ter tido qualquer contacto prévio, cria uma falsificação não qualificada e é produzida quando o nome do signatário é conhecido, mas não se conhece a assinatura do signatário.

4) Falsificação hábil: Quando a assinatura original é conhecida ou a assinatura do portador é compreendida, as assinaturas criadas são designadas por falsificação hábil. Este tipo de falsificação é efectuado por profissionais qualificados ou treinados para duplicar a assinatura.

5) Rastreio de falsificação: A falsificação de rastreio tem uma das marcas registadas autênticas, que ele mantém contra um ecrã ou documento ou uma caixa suave, e usa outro pedaço de papel por cima e basicamente rastreia a estrada.

6) Falsificação por corte e colagem: Uma assinatura autêntica é cortada de um papel e colocada num papel injustificado, sendo depois fotocopiada, ajustando o grau e a qualidade, de modo a que o papel pareça autêntico.

7) Falsificação eletrónica: É basicamente como a falsificação de cortar e colar, mas é digitalizada e este trabalho de cortar e colar é feito em computador e depois é feita a impressão.

8) Falsificação de assinatura à mão livre: O falsificador escreve basicamente o nome da vítima sem qualquer esforço de duplicação.

1.6 Processo de verificação da assinatura offline

A verificação de assinaturas offline tem os seguintes passos:

i)   Aquisição de dados

ii)   Pré-processamento

iii)   Extração de características

iv)   Classificação

v)   Avaliação do desempenho.

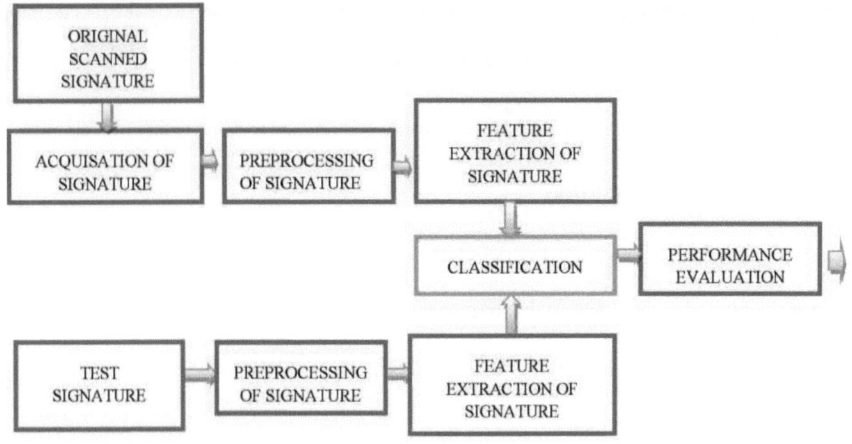

Figure 1.7: Flow chart of signature verification

A. Aquisição de dados

Para o sistema de verificação de assinaturas offline, as assinaturas feitas no papel são tiradas com uma câmara e depois digitalizadas com um scanner digital. As imagens digitalizadas são armazenadas digitalmente para a etapa seguinte, que é o processamento offline.

B. Pré-processamento

O objetivo da etapa de pré-processamento é tornar as assinaturas padronizadas e prontas para a extração de características [21]. O pré-processamento envolve alguns dos seguintes passos:

1. Redução do ruído: Para remover o ruído causado durante a digitalização, é utilizado o filtro de ruído

2. Redimensionamento: Para o retângulo delimitado da assinatura, a imagem é cortada

3. Binarização: A imagem a cores é convertida para escala de cinzentos e depois para binário

4. Desbaste: O desbaste é efectuado para eliminar as diferenças de espessura da caneta, tornando a imagem com um pixel de espessura.

5. Remoção de desordem: Os pontos pretos não ligados são removidos antes do processamento, o que se designa por remoção de desordem e é efectuado por mascaramento.

6. Esqueletização: Remove os pixels de primeiro plano seleccionados da imagem binária.

C. Extração de características

A extração de características consiste em extrair as características desejadas da imagem que foi submetida à remoção de ruído por pré-processamento. As características extraídas para a verificação de assinaturas offline podem ser divididas em três categorias principais:

- Características globais

- Características locais

- Características geométricas

Características globais: A assinatura é vista como um todo e as características são extraídas de todos os pixéis incluídos na imagem da assinatura.

Características locais: As características locais não são extraídas do todo, mas de uma parte ou de uma área limitada da imagem da assinatura [27]. Para descrever as características geométricas e topológicas dos segmentos locais, como a posição, a direção tangente e a curvatura, estas características são calculadas. Estas características são geralmente obtidas a partir da distribuição dos pixéis de uma assinatura, como a densidade local de pixéis ou a inclinação.

Elementos geométricos: Estes elementos narram a geometria e a topologia características de uma assinatura e as suas propriedades globais e locais são preservadas.

D. Classificação

A classificação consiste em identificar a que conjunto de categorias pertence uma nova observação, com base num conjunto de dados de formação, e tomar uma decisão final.

E. Avaliação do desempenho

A eficiência do sistema de verificação de assinaturas é avaliada. A avaliação é feita com base na taxa de falsa aceitação e na taxa de falsa rejeição, na taxa de erro percentual, na exatidão e na taxa de erro média.

Taxa de falsa aceitação: É a percentagem de assinaturas falsas aceites pelo sistema.

$$FAR = \frac{\text{no. of non samples classified as samples}}{\text{total no. of samples in database}} \times 100 \qquad (1.1)$$

Taxa de falsa rejeição: É a percentagem de assinaturas genuínas rejeitadas pelo sistema.

$$FRR = \frac{\text{no. of samples classified as non samples}}{\text{total no samples in database}} \times 100 \qquad (1.2)$$

Precisão: É o grau de exatidão do resultado medido.

$$Accuracy = \frac{\text{no. of samples matched}}{\text{total no. of samples}} \times 100 \qquad (1.3)$$

Taxa de erro média (AER): Fornece o erro de verificação global.

$$AER = (1 - accuracy) \times 1 \qquad (1.4)$$

1.7 Técnicas de verificação de assinaturas

Existem várias técnicas de extração e classificação de características para a verificação de assinaturas. Algumas delas são explicadas de seguida:

1.7.1 Distorção dinâmica do tempo (DTW)

A distorção dinâmica do tempo (DTW) é uma técnica utilizada para o reconhecimento de assinaturas. Proporciona uma visão relativamente nova dos dados, pelo que pode ser um complemento aos sistemas existentes (pode ser combinada com outros sistemas num chamado sistema de classificadores múltiplos). O algoritmo DTW é capaz de comparar duas curvas de uma forma que faz sentido para os seres humanos (chamamos a isto intuitividade de sentido). Porque, a um nível muito básico, os caracteres de assinatura não são mais do que casos especiais de curvas, o DTW pode comparar caracteres de uma forma que é semelhante à forma como os humanos comparam caracteres, ou pelo menos gera os mesmos resultados. A comparação DTW é mais intuitiva do que a comparação um a um. Uma das razões para a intuitividade dos resultados de uma comparação DTW é o facto de manter a importância dos pontos nas curvas que são importantes para os humanos quando comparam curvas (exemplos destes pontos são os inícios e os finais dos caracteres, mas também as mudanças (súbitas) de direção. Estes pontos indicam posições no carácter que são importantes na leitura humana, ou locais onde os caracteres são divididos em partes mais pequenas que são utilizadas na leitura humana. Os pontos importantes desempenham um papel importante tanto na leitura humana como na comparação DTW. A técnica DTW tem resultados semelhantes aos resultados da comparação humana de caracteres [7]. A figura 1.8 apresenta um exemplo de dois sinais de séries temporais [28] alinhados por DTW.

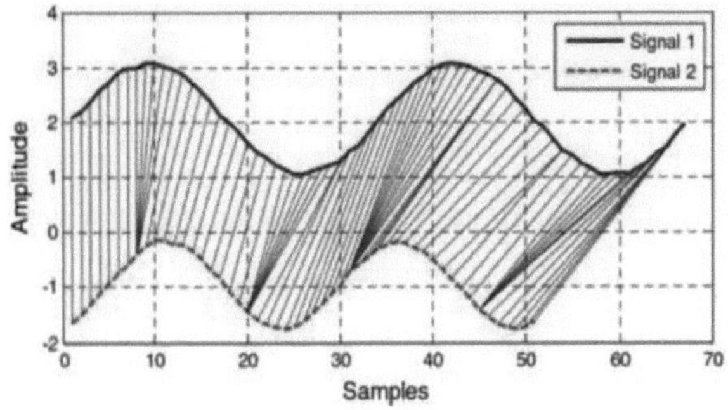

Figure 1.8: Time series aligned by DTW

1.7.2 k- Vizinhos mais próximos (k-NN)

O algoritmo k-Nearest Neighbors (k-NN) é um método não paramétrico utilizado para a classificação no reconhecimento de padrões. A entrada consiste nos k conjuntos de treino mais próximos no espaço de características. O resultado depende do k-NN utilizado para a classificação. Para a classificação, atribui pesos aos vizinhos de acordo com o alinhamento: os vizinhos mais próximos contribuem mais para a média do que os mais afastados. Consideramos que cada vizinho tem um peso de 1/d, em que d é a distância do vizinho. Os vizinhos são considerados como um conjunto de objectos aos quais é atribuída uma classe ou o valor da propriedade do objeto. k é uma constante definida pelo utilizador e um vetor não rotulado. A classificação é efectuada através da atribuição de uma etiqueta. A distância euclidiana é a métrica de distância mais utilizada. Se a métrica de distância for aprendida com algoritmos especializados, como o Large Margin Nearest Neighbor ou a análise de componentes de vizinhança, a precisão da classificação pode ser melhorada [1].

1.7.3 Modelo de Markov Oculto (HMM)

Um modelo de Markov oculto (HMM) é um modelo estatístico em que os acontecimentos observáveis dependem de factores internos, que não são diretamente observáveis. Os acontecimentos observados são uma observação e os factores invisíveis são um estado. Num HMM, dois processos estocásticos são um processo invisível de estados ocultos e um processo visível de símbolos observáveis. A cadeia de Markov é formada por estados ocultos e a distribuição de probabilidade do símbolo observado baseia-se no estado subjacente. O diagrama típico de hmm é apresentado na figura 1.9 [29]. Os problemas do mundo real consistem em classificar as observações num certo número de categorias, ou etiquetas de classe. Os HMMs têm sido amplamente utilizados para o problema do reconhecimento da fala [6].

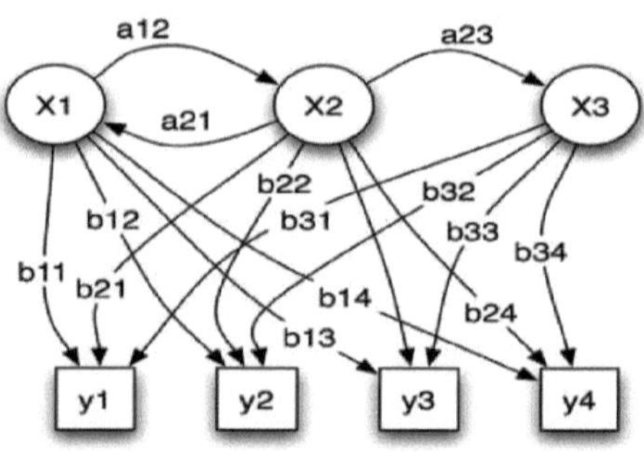

Figure 1.9: Typical diagram of HMM

1.7.4 Máquina de vetor de suporte

As máquinas de vectores de apoio (SVM), que utilizam um espaço de características de elevada dimensão e estimam as diferenças entre as classes de determinados dados para generalizar dados não vistos, são algoritmos de aprendizagem automática. O sistema utiliza características globais, direccionais e de grelha da assinatura para classificação e verificação. A máquina de vectores de apoio (SVM) também pode ser utilizada para verificar e classificar as assinaturas. Após a extração das características das imagens das assinaturas manuscritas, a imagem da assinatura é enviada para verificação utilizando diferentes fórmulas matemáticas, como a correlação, que é utilizada para a verificação entre a amostra e a assinatura de teste [15]. A Figura 1.10 mostra que o classificador linear SVM constrói um hiperplano de decisão de margem máxima para separar duas classes:

quadrados e círculos [30].

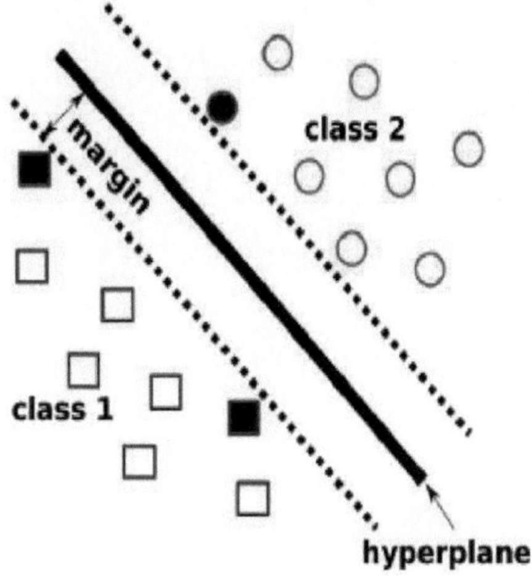

Figure 1.10: SVM linear Classifier builds a maximum margin decision hyper plane to

separate two classes

1.7.5 Padrão binário local de gradiente

O Gradient Local Binary Pattern foi utilizado para a deteção humana. Neste caso, com a ajuda da

vizinhança LBP, é calculado o histograma dos gradientes orientados. O LBP é utilizado para

encontrar padrões de textura através de uma análise estatística e estrutural. O LBP é obtido

comparando o valor do pixel com os seus vizinhos dentro do raio R. Os pixéis são distribuídos a

nível de cinzento. Após o cálculo do LBP, os valores da largura e do ângulo são determinados a

partir do padrão uniforme. Em seguida, calcula-se o gradiente entre as transições 1 e 0 no padrão

uniforme, como mostra a figura 1.11 [31]. Os valores da largura e do ângulo definem a posição

dentro da matriz GLBP, que contém informações sobre o gradiente [1].

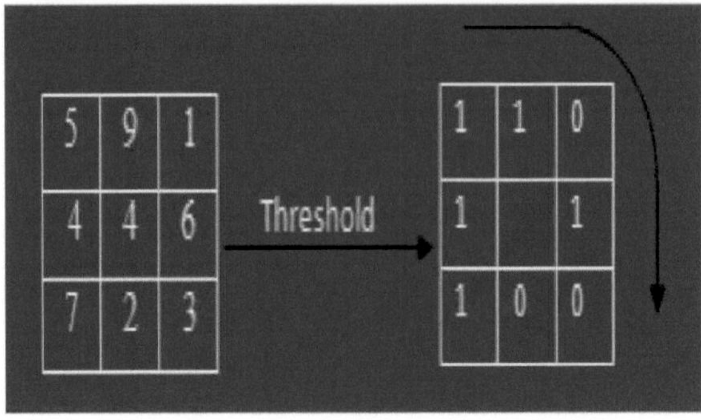

Figure 1.11: Local binary pattern operator

1.7.6 Abordagem estatística

A utilização de conhecimentos estatísticos entre dois ou mais itens de dados pode ser facilmente encontrada, como a relação, o desvio, etc. Os coeficientes de correlação são utilizados para determinar a relação entre um conjunto de dados. A utilização estatística refere-se ao afastamento de duas variáveis da independência. Para verificar uma assinatura introduzida com a ajuda de uma assinatura média que foi obtida a partir do conjunto de assinaturas previamente recolhidas. Esta abordagem segue o conceito de correlação para descobrir a quantidade de divergência entre elas [10].

1.7.7 Abordagem de redes neurais

As principais razões pelas quais as redes neuronais (NN) são amplamente utilizadas no reconhecimento de padrões são a sua potência e a facilidade de utilização. Uma abordagem simples consiste em extrair em primeiro lugar um conjunto de características como o comprimento, a altura, a duração, etc., que representam os pormenores da assinatura, com várias amostras de diferentes signatários. O segundo passo é a NN aprender a relação entre uma assinatura e a sua classe, genuína ou falsa. Após a aprendizagem da relação, a rede pode ser confrontada com assinaturas de teste que podem ser classificadas como pertencentes a um determinado signatário. Para modelar os aspectos globais das assinaturas manuscritas, as NN são muito adequadas [20].

Uma rede neural é constituída por três camadas: a camada de entrada, a camada oculta e a camada de saída. Pode haver mais do que um número de camadas ocultas. A Figura 1.12 mostra um diagrama típico das redes neuronais [32].

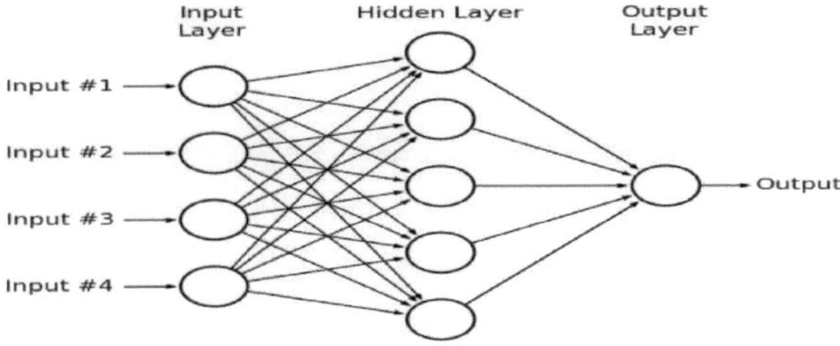

Figure 1.12: Typical diagram of Neural Network

1.8 Resumo:

É evidente, a partir da discussão neste capítulo, que a investigação biométrica encontrou o seu caminho numa série de aplicações comerciais e de segurança de sistemas. Uma simples pesquisa na Internet revela vários projectos comerciais que utilizam a verificação automática de assinaturas. Os tipos e o processo de verificação de assinaturas são discutidos desde a aquisição até à classificação e, em seguida, são também explicadas várias técnicas de modelação de assinaturas.

1.9 Organização da tese

Capítulo 1 inclui a introdução básica à biometria e às várias formas de biometria.

São abordados os tipos e o processo de verificação de assinaturas, desde a aquisição até à classificação. O capítulo também analisa os vários tipos de técnicas utilizadas para a verificação de assinaturas

Capítulo 2 analisa as técnicas existentes desenvolvidas pelos investigadores nos últimos anos para a verificação de assinaturas. São analisadas as lacunas de investigação das técnicas de verificação de assinaturas existentes. Com base na formulação do problema dos métodos existentes, são definidos os objectivos de investigação deste trabalho de tese.

Capítulo 3 apresenta uma técnica do trabalho proposto. Este capítulo dá pormenores sobre o método utilizado para o pré-processamento e, em seguida, são discutidas as técnicas híbridas utilizadas para a extração e classificação de características.

Capítulo 4 Neste capítulo, analisámos os resultados experimentais do trabalho proposto. Foram efectuadas diferentes experiências para avaliar o desempenho da abordagem de modelização. Os resultados mostram que a utilização de uma técnica híbrida permite obter melhores resultados. Neste capítulo, é também analisada a comparação entre o classificador tradicional e o proposto.

Capítulo 5 resume com uma discussão sobre os resultados alcançados nesta tese e uma indicação sobre as direcções futuras das contribuições da tese.

CAPÍTULO 2

PESQUISA BIBLIOGRÁFICA

2.1 Revisão da literatura

Há muito trabalho de investigação que tem sido feito no domínio do diagnóstico de avarias do motor de indução utilizando várias metodologias. Os investigadores utilizaram as diferentes técnicas e parâmetros para fornecer o melhor modelo que possa dar uma solução exacta para o problema de identificação de avarias no motor de indução. A análise da literatura de diferentes investigadores é apresentada em seguida:

Yasmine Serdouk et al. em [1] propuseram um método para a verificação de assinaturas off-line baseado no Sistema de Reconhecimento Imunológico Artificial (AIRS). Neste trabalho, para a extração de características, foram utilizados os Padrões Binários Locais Gradientes que estimam características gradientes com base na vizinhança LBP e a Característica de Corrida Mais Longa, que descreve a topologia da assinatura considerando as suites mais longas de pixels de texto. Os resultados obtidos mostraram que o sistema proposto tinha um desempenho prometedor.

Kai Huang et al. em [2] propuseram um método de verificação de assinaturas offline utilizando uma abordagem baseada em modelos. Neste método, foram construídos modelos estatísticos para a distribuição de píxeis e para a descrição da disposição estrutural. Além da caraterística geométrica simples da caligrafia, a caraterística da fronteira direcional também é utilizada para a descrição estrutural da assinatura. O algoritmo de verificação estatística foi utilizado para aceitar assinaturas que se assemelham muito às amostras de referência e para rejeitar falsificações aleatórias e menos hábeis. Para as assinaturas duvidosas, é utilizado o algoritmo de verificação de características estruturais. Este algoritmo compara a correlação estrutural pormenorizada entre as assinaturas de entrada e as de referência, numa tentativa de detetar falsificações qualificadas. A eficácia desta abordagem foi avaliada numa base de dados de assinaturas experimental.

B. Fang et al. em [3] utilizaram dois métodos para detetar as variações: o primeiro método mede as variações posicionais dos perfis de projeção unidimensionais dos padrões de assinatura e o segundo método determina as variações nas posições relativas dos traços no padrão de assinatura bidimensional. Estes métodos são utilizados porque existem variações inevitáveis nos padrões de assinatura escritos pela mesma pessoa. As variações podem ocorrer na forma ou nas posições relativas dos traços característicos. As estatísticas sobre estas variações foram determinadas a partir do conjunto de treino. Em seguida, foram determinadas as deslocações posicionais e a autenticidade foi decidida com base nas estatísticas das amostras de treino. Para efeitos de comparação, dois métodos existentes propostos por outros investigadores foram implementados e testados na mesma base de dados. Além disso, foram recrutados dois voluntários para efetuar a mesma tarefa de verificação. Os resultados mostraram que o sistema proposto se compara favoravelmente com os outros métodos e tem um desempenho superior ao dos voluntários.

Edson J.R. Justino et al., em [4], apresentam a comparação entre os classificadores SVM e HMM para a verificação de assinaturas offline. O HMM é uma técnica estatística robusta que se aplica ao reconhecimento de escrita manual e à verificação de assinaturas, enquanto o SVM é uma nova técnica de classificação no domínio da teoria da aprendizagem estática que tem sido aplicada com êxito em aplicações de reconhecimento de padrões, como o reconhecimento de rostos e de altifalantes. Este artigo apresenta uma comparação entre os dois classificadores na verificação de assinaturas offline. Para o efeito, foi criado um protocolo de aprendizagem e teste aplicável para analisar o potencial dos classificadores para absorver a variabilidade intrapessoal e realçar a semelhança social utilizando falsificações aleatórias, fáceis e simuladas.

Miguel A. Ferrer et al. em [5] apresentam um conjunto de características geométricas para a verificação automática de assinaturas offline, baseadas na explicação do envelope da assinatura e na distribuição do traço interior em coordenadas polares e cartesianas. As características foram calculadas para utilizar aritmética de ponto fixo de dezasseis bits e testadas com classificadores totalmente diferentes, como modelos ocultos de Markov, máquinas de vectores de suporte e classificador de distância euclidiana. As experiências mostraram resultados promissores na tarefa de discriminar falsificações aleatórias e simples.

Bao Ly Van et al., em [6], apresentaram um sistema de verificação de assinaturas baseado na fusão das pontuações das características extraídas e emitidas a partir de um HMM contínuo. A modelação HMM de um determinado escritor explorou complementarmente dois tipos de informação, fornecidos pela verosimilhança e pela segmentação do modelo HMM. A melhoria obtida com o sistema de fusão foi de 26% utilizando a informação de segmentação conhecida por um HMM. O resultado foi não só uma melhor caraterização da assinatura de um escritor, mas também uma deteção mais bem sucedida de falsificações, em comparação com o sistema de verosimilhança.

A.Piyush Shanker et al. em [7] sugeriram um sistema de verificação de assinaturas baseado na deformação dinâmica do tempo (DTW). A técnica funciona através da extração da caraterística de projeção vertical de imagens de assinaturas e da comparação de modelos de referência e de características do sensor/sonda utilizando a correspondência elástica. Foram concebidas modificações ao algoritmo DTW padrão para ter em conta a estabilidade dos vários componentes de uma assinatura. Os métodos DTW básico e DTW modificado foram testados numa base de dados de assinaturas de 100 pessoas. A técnica DTW modificada, que incorpora a estabilidade, teve uma taxa de erro igual de apenas 2% em comparação com 29% para a técnica DTW padrão.

D. Bertolini et al. em [8] este trabalho tende a abordar dois problemas vitais na verificação de assinaturas offline. O primeiro diz respeito à extração de características. Eles introduziram um novo conjunto de características métricas gráficas que considera a curvatura dos segmentos mais importantes da assinatura. A ideia é simular a forma da assinatura aplicando curvas de Bezier e depois extrair características dessas curvas. O segundo aspeto vital é a utilização de um conjunto de classificadores baseados em características métricas de grafos para aumentar a sua responsabilidade na classificação, reduzindo assim a falsa aceitação. O conjunto foi concebido utilizando um algoritmo genético padrão e foram avaliadas funções de aptidão totalmente diferentes para conduzir a pesquisa. Nas nossas experiências, pensámos em duas situações totalmente diferentes. No primeiro caso, as experiências foram efectuadas com base em dois pressupostos: o primeiro pressupõe que apenas estão disponíveis assinaturas genuínas e falsificações aleatórias para orientar a pesquisa. Na segunda, assumiram que as falsificações simples e simuladas também estão disponíveis durante a otimização do conjunto. O conjunto de classificadores de base é treinado utilizando apenas assinaturas genuínas e falsificações aleatórias. Foram efectuadas experiências numa base de dados composta por 100 autores e os resultados foram comparados.

Elaheh Soleymanpour et al. em [9] apresentaram um novo método de identificação e verificação de assinaturas baseado na transformada de contorno (CT). Neste método, utilizaram o coeficiente de contorno como extrator de características e a Máquina de Vectores de Suporte (SVM) como classificador. Em primeiro lugar, a imagem da assinatura é normalizada com base no tamanho e depois pré-processada. Após o pré-processamento, os coeficientes de contorno são calculados na escala e direção especificadas. Em seguida, todos os coeficientes extraídos são enviados para uma camada de classificadores SVM como vetor de características. O número de classificadores SVM é igual ao número de classes. Cada classificador SVM determina se a imagem de entrada pertence ou não à classe correspondente. A principal caraterística do método proposto é a independência da nação dos signatários. Foram efectuadas duas experiências com dois conjuntos de assinaturas. A primeira é sobre um conjunto de assinaturas persas e a outra sobre um conjunto de assinaturas de Stellenbosch (turco). Com base nestas experiências, obtiveram uma taxa de reconhecimento (identificação) de 100% e mais de 96,5% nos conjuntos de assinaturas persas e turcas, respetivamente, e um erro de 4,5% na verificação.

J.F. Vargas et al. em [10] propuseram um método para efetuar a verificação offline de assinaturas manuscritas com base em informações de nível de cinzento utilizando características de textura. O método funciona ao nível global da imagem e mede as variações de nível de cinzento na imagem utilizando características estatísticas de textura. Para a extração de características, são utilizados a matriz de coocorrência e o padrão binário local, sendo também processado um histograma para reduzir a influência das diferentes canetas de tinta utilizadas pelos signatários. Foram utilizadas amostras genuínas e falsificações aleatórias para treinar um modelo SVM e falsificações aleatórias e especializadas para o testar. Foram obtidos resultados prometedores em duas bases de dados: MCYT-75 e GPDS- 100 Corpuses.

Ali Karouni et al. em [11] Neste artigo, apresentam um método para a verificação offline de assinaturas utilizando um conjunto de características geométricas simples baseadas na forma, como a área, o centro de gravidade, a excentricidade, a curtose e a assimetria. Antes de extrair as características, foi efectuado o pré-processamento de uma imagem digitalizada para isolar a parte da assinatura e remover qualquer ruído espúrio presente. O sistema foi inicialmente treinado utilizando uma base de dados de assinaturas obtidas dos indivíduos cujas assinaturas têm de ser autenticadas pelo sistema. Em seguida, a RNA foi utilizada para verificar e classificar as assinaturas quanto à sua exatidão ou falsificação, tendo sido obtido um rácio de classificação de cerca de 93% com um limiar de 90%.

Rajesh Kumar et al., em [12], apresentaram um novo conjunto de características baseadas na propriedade de circularidade de uma assinatura para a verificação de assinaturas fora de linha. O conjunto de características proposto descreve a forma de uma assinatura em termos de distribuição espacial de pixéis pretos em torno de um pixel candidato na assinatura. Assim, este conjunto de características é único no sentido em que contém propriedades de forma e de textura diferentes

a maior parte das características anteriormente propostas para a verificação de assinaturas fora de linha. Uma vez que as características são propostas com base numa ideia intuitiva do problema, procurou-se também avaliar as características através de várias técnicas de seleção de características para obter um conjunto compacto de características. Para examinar a eficácia das características propostas, foram implementados e testados dois classificadores populares, nomeadamente o perceptron multicamadas e a máquina de vectores de apoio, em duas bases de dados disponíveis ao público, nomeadamente o corpus GPDS300 e a base de dados de assinaturas CEDAR.

Medam Manoj Kumar et al. in [13] Nesta investigação, os autores concentraram-se em encontrar uma caraterística da forma do envelope conhecida como "momentos da corda". Os momentos centrais, como a média, a variância, a assimetria e a curtose, são calculados a partir de conjuntos de comprimentos de corda e ângulos para cada ponto de referência do envelope. Os momentos de corda propostos quantificam adequadamente a inter-relação espacial entre os pontos superiores e inferiores do envelope. A abordagem baseada em momentos reduz significativamente a dimensão de conjuntos de acordes altamente detalhados e revelou-se robusta no tratamento da variabilidade não linear das imagens de assinatura. Os momentos de acordes propostos, utilizados com o classificador de máquina de vectores de apoio, conduziram a um sistema de verificação de assinaturas off-line dependente do escritor que obteve um melhor desempenho na base de dados ruidosa do Centro de Excelência para a Análise e Reconhecimento de Documentos.

A,Hamadene et al. in [14] Neste artigo, propusemos um sistema de uma classe independente do escritor, utilizando medidas de dissemelhança de características (FDM) para a classificação e um número reduzido de referências. O sistema proposto envolve a utilização da matriz de coocorrência de código direcional (DCCM) baseada na transformada de contorno (CT) para a geração de características. A verificação é conseguida através de um limiar WI que é automaticamente selecionado utilizando um novo critério de estabilidade da assinatura. O conceito de escritor dependente proposto é também abordado através da mistura de diferentes conjuntos de dados de escritor nas fases de conceção e verificação. Os resultados experimentais mostram a eficácia do sistema proposto, apesar do protocolo de verificação rigoroso que utiliza o conceito de uma classe, um limiar único para aceitar ou rejeitar uma assinatura questionada, o número reduzido de autores e o número limitado de assinaturas de referência.

Christian Gruber et al., em [15], propuseram uma técnica que integra uma técnica de deteção de subsequências comuns mais longas (LCSS), que mede a semelhança de séries temporais de assinaturas, numa função de kernel para máquinas de vectores de apoio (SVM). Para mostrar as propriedades da nova base de dados SVM-LCSS com assinaturas de 153 pessoas testadas e a base de dados de referência SVC 2004, foram utilizadas. O resultado foi comparado com o SVM com outras funções de kernel, como a deformação dinâmica do tempo (DTW). As experiências mostraram que o SVM com o kernel LCSS legitima as pessoas de forma muito eficiente e com uma apresentação significativamente melhor do que a da técnica de comparação mais fina, o SVM com o kernel DTW.

Napa Sae-Bae et al. em [16] propuseram um sistema simples e útil de verificação de assinaturas em linha que era apropriado para a autenticação de utilizadores num dispositivo móvel. A sua vantagem é que, em primeiro lugar, uma caraterística baseada em histograma para representar uma assinatura online pode ser imitada em tempo linear e o sistema requer um espaço pequeno e de tamanho fixo para armazenar o modelo de assinatura.

2.2 Formulação do problema

As técnicas anteriores utilizadas para a verificação de assinaturas são muito simples e não reconheciam os diferentes tipos de assinaturas, uma vez que a correspondência é feita ponto a ponto, pelo que é necessário melhorá-la.

Anteriormente, a metodologia LBP era utilizada para o reconhecimento facial devido ao seu poder de discriminação e simplicidade computacional. O principal problema da técnica do padrão binário local (LBP) é o problema da textura, como a análise da face e a análise do movimento. Esta técnica não é eficaz para extrair as características.

O classificador utilizado por vários trabalhos de investigação foi o k-NN, que produz resultados menos exactos. Por conseguinte, é necessário propor uma nova abordagem em que os problemas das abordagens tradicionais sejam eliminados.

2.3 Objetivo

Com base nas lacunas de investigação nas técnicas de verificação de assinaturas existentes, os objectivos são os seguintes

1. Estudar a técnica existente de verificação de assinaturas.

2. Desenvolver uma abordagem híbrida para a verificação de assinaturas utilizando o Sistema

de Reconhecimento Imunitário Artificial e a Rede Neural Artificial.

3. Efetuar uma comparação entre o trabalho tradicional e o trabalho proposto.

2.4 Metodologia de investigação

O principal objetivo da investigação é melhorar a taxa de reconhecimento da verificação de assinaturas, para o que são utilizadas técnicas híbridas. Para tal, é proposto um novo algoritmo e o seu código é implementado no software MATLAB Versão 7.10.0.499 (R2010a), nome da versão 2010, ano 5 de fevereiro de 2010, data de lançamento.

O MATLAB (Matrix Laboratory) é um ambiente de computação numérica e uma linguagem de programação 4-G. Foi desenvolvido pela Math Works. Foi desenvolvido pela Math Works. Com a ajuda do MATLAB, o algoritmo pode ser implementado.

As etapas seguidas pelo trabalho proposto são as seguintes

1. Inicialmente, ler diferentes amostras do conjunto de dados para efeitos de extração de características.

2. Extrair características das amostras retiradas do conjunto de dados utilizando a abordagem Gaussiana e Laplaciana Piramidal.

3. Detetar os bordos das amostras de treino para avaliação posterior.

4. Efetuar agora a fusão das amostras utilizando a técnica de fusão de características baseada na pontuação.

5. Em seguida, aplicar a técnica de criação de agrupamentos baseada no AIR sobre as características extraídas. A aplicação desta técnica ajudará a efetuar a categorização das amostras.

6. Do mesmo modo, selecionar amostras de dados do conjunto de dados para o módulo de teste.

7. Aplicar uma abordagem de extração de características piramidal e baseada em arestas no módulo de teste selecionado.

8. Depois de extrair as características, efetuar a fusão dos valores de pontuação.

9. Efetuar a classificação baseada em ANN nas características extraídas através da técnica baseada em AIR.

10. Avaliar os resultados depois de efetuar a classificação e comparar esses resultados com a abordagem de classificação tradicional baseada no KNN.

2.5 Resumo

Neste capítulo, são estudados trabalhos sobre técnicas tradicionais. Entre os trabalhos estudados nesta revisão, o método proposto por Yasmine Serdouk para a verificação de assinaturas off-line, baseado no Sistema de Reconhecimento Imunológico Artificial, é o que apresenta os melhores valores dos parâmetros de avaliação do desempenho. Em seguida, são discutidos a formulação do problema e os objectivos. No capítulo seguinte, é abordada a metodologia do trabalho proposto

CAPÍTULO 3

TRABALHO PROPOSTO

Este trabalho propõe a utilização de uma técnica híbrida para a verificação de assinaturas. Utiliza o Sistema de Reconhecimento Imunológico Artificial e a Rede Neuronal Artificial para a classificação, com a extração de características de fusão da pirâmide gaussiana, da pirâmide laplaciana e do detetor de arestas canny. O fluxograma do sistema de verificação de assinaturas proposto é apresentado na figura 3.1. Em primeiro lugar, as assinaturas são convertidas em formato binário. Em seguida, para extrair as características, utilizamos a técnica de fusão de três gerações de características, sendo depois efectuada a classificação de acordo com a pontuação da fusão.

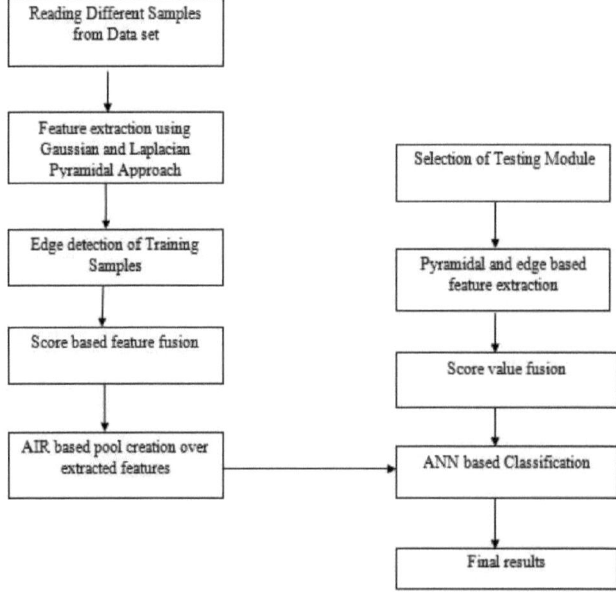

Figure 3.1: Flowchart of proposed work

3.1 Pré-processamento

Em primeiro lugar, a assinatura recolhida ou a base de dados é convertida para o formato binário utilizando o comando MATLAB e, em seguida, as assinaturas são lidas a partir do conjunto de dados para a geração de características

Figure 3.2: Binary signature

3.2 Extração de características

O fluxograma do método proposto de extração de características com base na fusão é apresentado na figura 3.3. Depois, para extrair as características, utilizámos três técnicas de geração de características para calcular a pontuação da fusão.

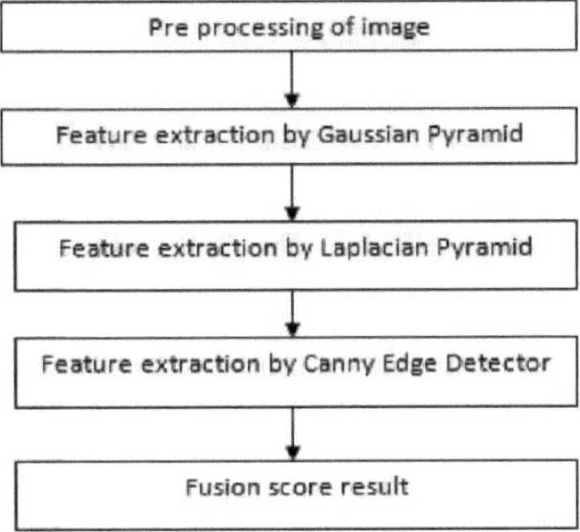

Figure 3.3: Flowchart of fusion based feature extraction

3.2.1 Pirâmide Gaussiana e Pirâmide Laplaciana

O princípio deste método consiste em criar subimagens a partir da imagem original com diferentes resoluções espaciais, utilizando operações matemáticas. A pirâmide laplaciana é derivada da pirâmide gaussiana e a pirâmide gaussiana é obtida por filtragem recursiva passa-baixo e decimação para criar a pirâmide laplaciana. Em primeiro lugar, procede-se à decomposição da pirâmide gaussiana e, em seguida, à transformação da pirâmide gaussiana em pirâmide laplaciana.

A. Decomposição em pirâmide gaussiana

O nível zero da pirâmide é g_0 e é igual à imagem de origem, g_0 é o nível inferior da pirâmide e o nível m-ésimo da pirâmide gaussiana é g_m , que é obtido através dos seguintes passos:1

Em primeiro lugar, é efectuada a convolução entre as imagens de nível m-1 g_{m-1} com a função de janela $\omega(x,y)$, que tem características de passagem baixa. Os resultados da convolução são separados na amostragem descendente, que é expressa da seguinte forma

$$g_m(i,j) = \sum_{x=-2}^{2} \sum_{y-2}^{2} \omega(x,y) g_{m-1}(2i+x, 2j+y) \qquad (3.1)$$

$$1 \leq m \leq M,\ 0 \leq i < R,\ 0 \leq j \leq C$$

M nível máximo da pirâmide, C_m e R_m representam, respetivamente, o número de colunas e de linhas da pirâmide de nível m, $\omega(x,y)$ é a função de ponderação ou o núcleo gerador, que é uma função de janela bidimensional 5x5 definida como

$$g_{m-1} = \frac{1}{256} \begin{bmatrix} 1 & 4 & 6 & 4 & 1 \\ 4 & 16 & 24 & 16 & 4 \\ 6 & 24 & 36 & 24 & 6 \\ 4 & 16 & 24 & 16 & 4 \\ 1 & 4 & 6 & 4 & 1 \end{bmatrix} \tag{3.2}$$

Este processo é uma operação de redução normalizada

$$g_m = \text{Reduce}(g_{m-1}) \tag{3.3}$$

A pirâmide gaussiana é constituída por g_0, $g_1,...,$ g_M, em que g_0 e g_M são, respetivamente, a camada inferior e superior da pirâmide gaussiana e o número total de camadas da pirâmide é M+1.

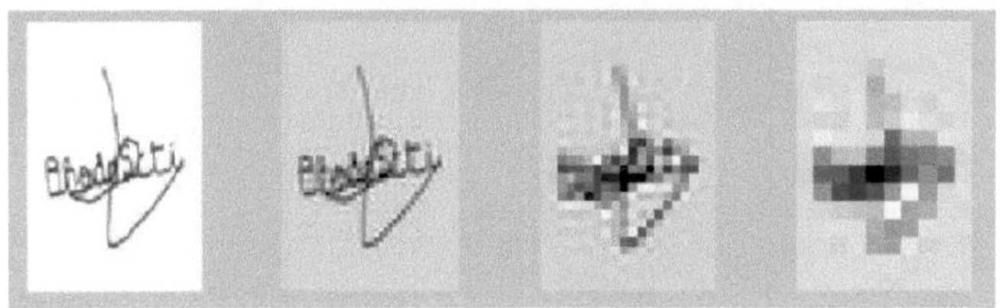

Figure 3.4 : Gaussian pyramid of level 1, 2, 3 respectively

B. Decomposição da pirâmide Laplaciana

A pirâmide Laplaciana é a imagem filtrada por passagem de banda que reduz o grande número de informações redundantes da pirâmide Gaussiana. A diferença é calculada entre as duas imagens adjacentes para obter a imagem filtrada por passagem de banda. Os passos para a decomposição da pirâmide Laplaciana são os seguintes

g^*_m é a imagem obtida através da expansão de g_m, g^*_m tem o mesmo tamanho que g_{m-1}, pelo que o operador de amplificação Expand pode ser utilizado para expandir

$$g^*_m = \text{Expand}(g_m) \tag{3.4}$$

De acordo com a equação (3), o operador Expand é definido como :

$$g_m^*(i,j) = 4 \sum_{x=-2}^{2} \sum_{y=-2}^{2} \omega(x,y) g_m\left(\frac{i+x}{2}, \frac{j+y}{2}\right) \qquad (3.5)$$

$$1 \leq m \leq M,\ 0 \leq i < R,\ 0 \leq j \leq C$$

Onde

$$g_m^*\left(\frac{i+x}{2}, \frac{j+y}{2}\right) = \begin{cases} g_m\left(\frac{i+x}{2}, \frac{j+y}{2}\right), & \frac{i+x}{2}, \frac{j+y}{2} \quad \text{are integers} \\ 0 & \text{others} \end{cases} \qquad (3.6)$$

Conjunto

$$lp_m = g_m - g_{m+1}^* \qquad , \qquad 0 \leq m < M \qquad (3.7)$$

$$lp_M = g_m \qquad , \qquad m = M \qquad (3.8)$$

Onde, M é o número de níveis da pirâmide Laplaciana. lp_m é a imagem de nível m decomposta a partir da pirâmide Laplaciana, Expandir o operador inverso do operador Reduzir. lp_0 , lp_1 , , lp_M são os níveis da pirâmide Laplaciana, estes são a diferença entre a imagem da pirâmide Gaussiana e o último nível é interpolado e aumentado como a filtragem de passagem de banda.

Figure 3.5 : Laplacian pyramid level 1, 2, 3 respectively

3.2.2 Detetor de arestas Canny

O detetor de arestas Canny é o algoritmo de deteção de arestas mais popular, que melhora o método de deteção de arestas. O detetor de bordos Canny foi concebido para satisfazer estes critérios: em primeiro lugar, a taxa de erro é baixa, o que significa que os bordos genuínos não devem ser perdidos e os bordos espúrios não são seleccionados; em segundo lugar, a localização é boa, o que significa que os bordos dos pixéis encontrados entre o detetor e o bordo real devem ser mínimos. Em terceiro lugar, um único ponto de aresta tem apenas uma resposta. Os dois primeiros não eliminam as arestas múltiplas. Assim, para este efeito, foi detectada a aresta de Canny. Em primeiro lugar, a imagem é suavizada pelo filtro Gaussiano e, em seguida, utilizando a primeira derivada múltipla, o gradiente da imagem é calculado e, em seguida, destaca as regiões com derivadas espaciais elevadas. O algoritmo segue ao longo da região de supressão não máxima e não segue as regiões no máximo. As regiões que não foram suprimidas são seguidas utilizando histerese. Os dois primeiros limiares, T1 inferior e T2 superior, são identificados e, em seguida, os pontos abaixo de

$$\begin{array}{ll} p < T1 & non\,edges \\ p > T2 & edges \end{array} \qquad (3.9)$$

T1 são definidos como 0, o que significa que não são de extremidade, e os pontos acima de T2 são de extremidade. A magnitude dos pontos entre T1 e T2 é fixada em 0, na expetativa de que exista uma trajetória a partir deste ponto até um ponto com gradiente acima de T2.

Onde, p são os pontos e T1 e T2 são os limiares inferior e superior, respetivamente. O desempenho depende de vários parâmetros, como σ, desvio padrão, T1 e T2. σ controla o tamanho do filtro Gaussiano. Quanto maior for a escala do filtro Gaussiano, menor será a precisão da localização da aresta e quanto menor for o valor, menor será a quantidade de desfocagem e manterá as arestas mais finas. O algoritmo Canny tem um melhor desempenho na deteção de todas as arestas finas e na sua localização correcta.

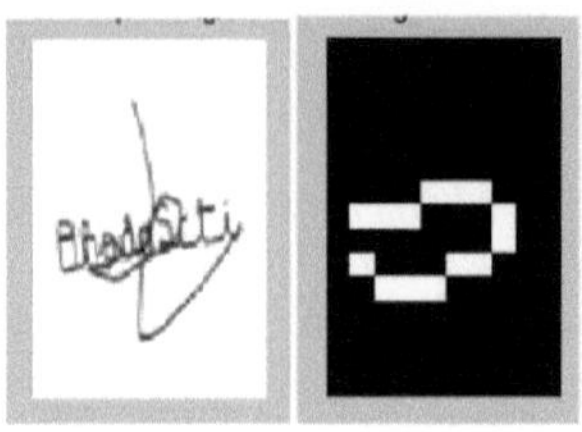

Figure 3.6 : Canny edge detector

3.2.3 Fusão do nível de pontuação

Como os algoritmos de correspondência do reconhecimento de assinaturas são diferentes, os resultados da correspondência diferem uns dos outros. Os resultados de correspondência do reconhecimento de assinaturas são distâncias. Os resultados de correspondência do reconhecimento de assinaturas devem ser normalizados para pontuações que variam no intervalo [0,100]. É utilizada a normalização Min-max, que é o método de normalização mais simples. Dado um conjunto de distâncias de correspondência de reconhecimento de assinaturas d_k k=1, 2, 3..., n, as pontuações de normalização são dadas por,

$$s_k = \frac{d_k - min}{max - min} \qquad (3.10)$$

Em que $\{d_k\}$ é a distância de correspondência de assinaturas, s_k é a pontuação de correspondência de assinaturas após a normalização, min e max são os valores mínimo e máximo de $\{d_k\}$, respetivamente.

3.3 Classificação

A classificação consiste em identificar a que conjunto de categorias pertence uma nova observação, com base num conjunto de dados de treino que contém observações cuja pertença a uma categoria é conhecida.

3.3.1 Sistema de Reconhecimento Imunitário Artificial

Os sistemas imunitários artificiais são criados a partir do sistema imunitário natural, que utiliza anticorpos das células B para identificar os invasores perigosos, os chamados antigénios. Tem várias aplicações, como a geração de características, o reconhecimento de padrões, a aprendizagem automática e a extração de dados. O AIRS é um algoritmo que imita símbolos ou parâmetros imunitários, como a ligação de anticorpos a antigénios, a maturação por afinidade, o processo de seleção clonal, o preenchimento de recursos e a aquisição de células de memória. Cada amostra de treino ou de teste é um antigénio. Os anticorpos que constituem os dados de cada classe são designados por células de memória (MC) do sistema. No AIRS, as células B são designadas por bolas de reconhecimento artificial (ARB), que correspondem ao vetor de características de um anticorpo com a sua etiqueta de classe e o número do recurso. Quando treinado, o AIRS desenvolve novos anticorpos (ou MC) que descrevem as diferentes classes de interesse. Assim, os ARBs calculam um número fixo de recursos entre si, de modo a manter afinidades elevadas com os antigénios de treino. A afinidade significa a semelhança entre padrões através da distância euclidiana. Dos restantes ARBs são extraídas as novas células de memória para formar o conjunto MC que será utilizado para classificar os antigénios de teste. O algoritmo AIRS é o seguinte:

O limiar de afinidade é calculado

$$\mathbf{Naffinity(As, 1)} = \frac{\big(\mathbf{sum(min(GausP{-}LapP))}\big)}{\mathbf{R1 \times C1}} \tag{3.11}$$

$$\mathbf{NAT(As, 1)} = \frac{\mathbf{mean}\big(\mathbf{sum}\big(\mathbf{sum(Naffinity(As,1))}\big)\big)}{\mathbf{(R1 \times C1)}\frac{\mathbf{((R1 \times C1)-1)}}{\mathbf{2}}} \tag{3.12}$$

Onde R1,C1 são a linha e a coluna, respetivamente, As são antigénios, NAT é o limiar de afinidade líquida, GausP é a pirâmide gaussiana, LapP é a pirâmide laplaciana, Depois de calculado o limiar de afinidade, segue-se o processo de formação dos antigénios no AIRS

$$\text{NST}(\text{As}, 1) = 1 - \text{mean}\big(\text{Naffinity}(\text{As}, 1)\big) \qquad (3.13)$$

Onde, NST é a seleção de correspondência MC. Em seguida, gerar os clones mutantes de MC-Match e adicioná-los ao conjunto de ARBs. Os ARBs que pertencem à mesma classe do antigénio presente irão para a atribuição de recursos e para um processo de seleção, sendo que a atribuição de recursos significa que cada ARB recebe um número de recurso para expressar a quantidade de simulação elevada do antigénio e a seleção clonal baseia-se na conclusão dos ARBs para um número de recurso global fixo, de modo a que apenas os ARBs com simulação elevada sejam mantidos. Para verificar a condição de paragem, é calculada a simulação média dos ARBs de cada classe. Se a simulação média for inferior ao limiar de simulação definido pelo utilizador, os passos anteriores são repetidos até se obter o resultado pretendido. Em seguida, selecciona-se o ARB com a simulação mais elevada na classe de antigénios (o ARB é o candidato a célula de memória). Se os candidatos a MC tiverem uma simulação mais elevada do que os antigénios actuais, são adicionados ao conjunto Mc. Depois de todos os antigénios terem sido treinados, o novo conjunto de MC é utilizado para classificar as amostras de teste. A classificação é efectuada utilizando a decisão ANN para calcular o conjunto de MC.

3.3.2 Rede Neural Artificial

As RNA são modelos matemáticos criados a partir da organização e do funcionamento de neurónios biológicos. De acordo com a natureza da tarefa atribuída à rede, existem numerosas redes neuronais artificiais. Existem também variações de acordo com a forma como os neurónios são modelados. Estes modelos correspondem de perto aos neurónios biológicos e afastam-se do funcionamento biológico de forma significativa. A vantagem da RNA em relação aos métodos estatísticos é que a RNA é uma função universal que se aproxima mesmo de funções não lineares e também estima a aproximação por partes das funções. A RNA utiliza uma ou mais camadas ocultas, pelo que a rede pode dividir automaticamente o espaço de amostragem e construir diferentes funções em diferentes partes desse espaço. Cada unidade também tem um estado de receção e envio de dados, o estado é representado por 0 e 1. A RNA é normalmente definida por três parâmetros: diferentes camadas de neurónios, atualização de pesos no processo de aprendizagem e função de ativação para obter a ativação de saída.

A classificação por Redes Neuronais Artificiais é uma forma de aprendizagem supervisionada. É o processo de aprender a separar amostras em diferentes classes, encontrando as características comuns entre as amostras de classes conhecidas. O desempenho exato ou não do sistema pode ser identificado a partir das etiquetas das classes conhecidas. Esta informação pode ser utilizada para validar a precisão do sistema, para indicar a resposta desejada do sistema ou para ajudar o sistema a aprender a comportar-se corretamente.

As redes neuronais artificiais são amplamente utilizadas e constituem uma técnica de classificação robusta que pode ser utilizada para aproximar várias funções de valor real, de valor discreto e de valor vetorial. Neste trabalho, é utilizada uma rede neural artificial constituída por duas camadas. Para minimizar a função de erro quadrático, o algoritmo de retropropagação utilizado para a aprendizagem na rede neural artificial

Consideremos um exemplo de treino de um sistema de reconhecimento facial em que a entrada é X_1 .... „ x_{n-1}, x_n i.e. vetor de características da imagem de uma pessoa e a imagem facial de saída é y_k

da pessoa. Para treinar os pesos, é utilizado o algoritmo de retropropagação. O algoritmo de descida do gradiente é utilizado pela rede neural de retropropagação para reduzir a diferença entre os valores de saída da rede e os valores-alvo. A soma dos erros das unidades de saída da rede é definida por

$$E(w) = \frac{1}{2}\sum_{k \in D}\sum_{i \in outputs}(t_{ik} - o_{ik})^2 \qquad (3.14)$$

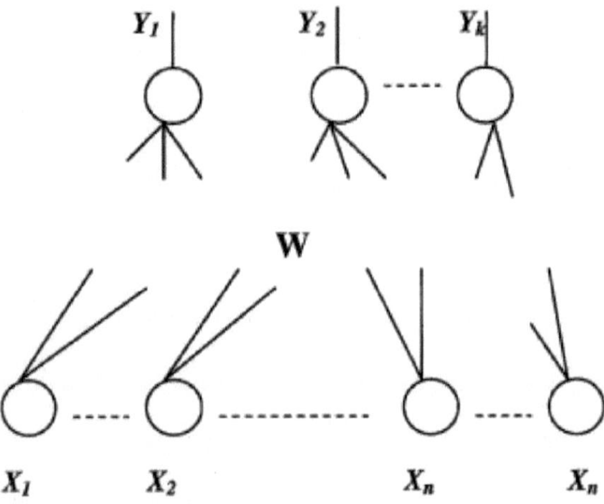

Figure 3.7: ANN with input x and output y

onde o conjunto de treino é D, as unidades de saída na rede são saídas e o alvo t_{ik} e a saída o_{ik} são os valores associados à *i-ésima* unidade de saída e ao exemplo de treino k. Um peso específico na rede é atualizado para cada exemplo de treino do seguinte modo

$$\Delta w_{ji} = -\eta \frac{\partial E_d}{\partial w_{ji}} \qquad (3.15)$$

$$w_{ji} = w_{ji} + \Delta w_{ji} \qquad (3.16)$$

Em que W_{ji} é o peso da i-ésima unidade de entrada para a unidade j da rede e η é a taxa de

aprendizagem. A classe correcta de cada registo é conhecida na fase de formação, ou seja, na

formação supervisionada, de modo a que os valores correctos possam ser atribuídos aos nós de

saída. É atribuído um "1" a um nó correspondente à classe correcta, e um "0" aos restantes. Os

valores calculados pela rede para os nós de saída e estes valores "correctos" atribuídos são

comparados e pode ser calculado um termo de erro para cada nó através da regra delta. Os pesos das

camadas ocultas são ajustados utilizando estes termos de erro, de modo a que, nas iterações

sucessivas, os valores de saída se aproximem dos valores "correctos".

3.4 Comparação dos classificadores ANN e k-NN

A comparação entre os classificadores ANN e k-NN é feita na fase de teste. Ambos os

classificadores são utilizados após a extração de características através da fusão da pirâmide

gaussiana, da pirâmide laplaciana e do detetor de bordos canny, de modo a que a precisão e a taxa

de erro em percentagem sejam calculadas para ver a diferença e comparar os dois classificadores. A

figura 20 mostra a comparação entre o classificador tradicional e o proposto.

A RNA é uma técnica de classificação no domínio da teoria da aprendizagem da matemática

aplicada que tem sido aplicada com êxito em aplicações de reconhecimento de padrões, como o

reconhecimento de assinaturas, rostos e altifalantes, ao passo que o k-NN pode ser uma técnica não

paramétrica utilizada para a classificação do reconhecimento de caligrafia e da verificação de

assinaturas. A comparação dos dois classificadores na verificação de assinaturas fora de linha é feita

utilizando a técnica de extração de características baseada na fusão e as características extraídas são

classificadas de acordo com ambos os classificadores, de modo a que o resultado seja comparado.

Para o efeito, foi criado um protocolo associado de aprendizagem e teste aceitável para observar o

potencial dos classificadores para absorver a variabilidade intrapessoal e realçar a semelhança social

utilizando falsificações aleatórias, fáceis e simuladas, encontrando a exatidão.

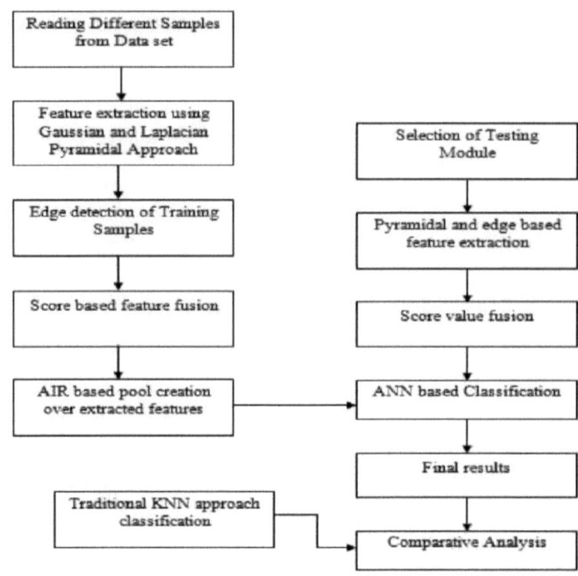

Figure 3.8: Flowchart of comparison of traditional and proposed classifier

3.5 Resumo

Discutimos neste capítulo que o pré-processamento é o primeiro passo antes de procedermos à extração de características. Este capítulo apresenta em pormenor o método utilizado para o pré-processamento e, em seguida, explicamos as técnicas híbridas utilizadas para a extração e classificação de características. No próximo capítulo, discutiremos os resultados do trabalho proposto.

CAPÍTULO 4

RESULTADOS EXPERIMENTAIS

O sistema de verificação de assinaturas proposto utiliza o sistema dependente do autor, em que é implementado um sistema específico para cada signatário. O desempenho é avaliado com base no rácio de falsa rejeição, que é a percentagem de assinaturas verdadeiras rejeitadas pelo sistema, no rácio de falsa aceitação, que significa o número de assinaturas falsas aceites, e na taxa média de erro, que fornece o erro de verificação global. As experiências são efectuadas nos conjuntos de dados GPDS-100.

4.1 Avaliação do desempenho

A avaliação do desempenho baseia-se nas características de caraterização da assinatura. A figura 4.1 mostra o resultado da extração de características através da pirâmide gaussiana, da pirâmide laplaciana e do detetor de bordos canny,

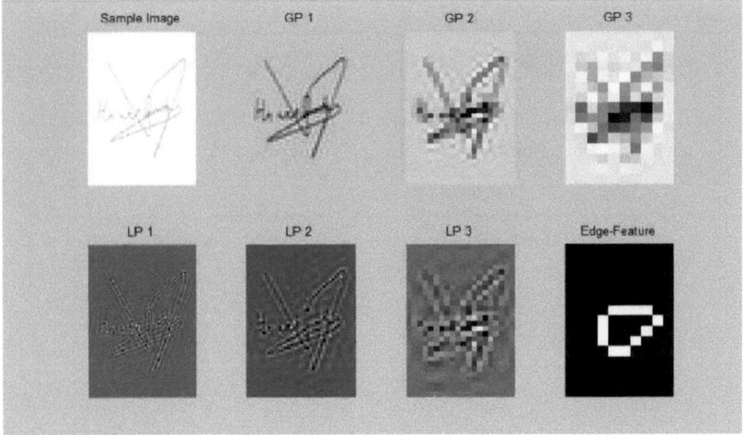

Figure 4.1: Result of Feature extraction by Gaussian, Laplacian pyramid and edge

detection

A tabela 4.1 apresenta os resultados obtidos com o método proposto. O facto de a FAR ser inferior à FRR do sistema proposto significa que o sistema discrimina mais assinaturas falsificadas.

O FAR é de 9,25%, o FRR é de 10%, o AER é de 12,96%, a exatidão é de 90% e a taxa de erro é de 10%, obtidos a partir do sistema proposto com o conjunto de dados GPDS-100. O AIRS comporta-se bem com as técnicas de extração de características propostas. Assim, a verificação baseada no AIRS apresenta um desempenho comparável ou, por vezes, melhor do que outros.

Table 4.1: Results of proposed work

Parameters	Results (%)
False Acceptance Rate	9.25
False Rejection Rate	10
Average Error Rate	12.96
Accuracy	90
Error Rate	10

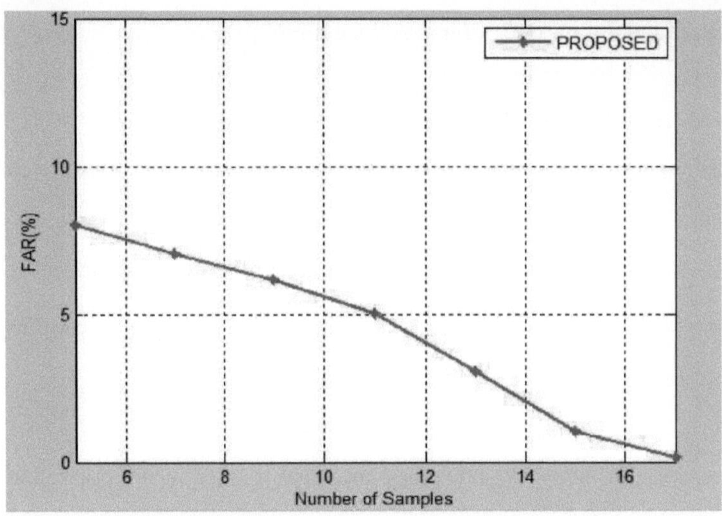

Figure 4.2: FAR variation for various numbers of samples

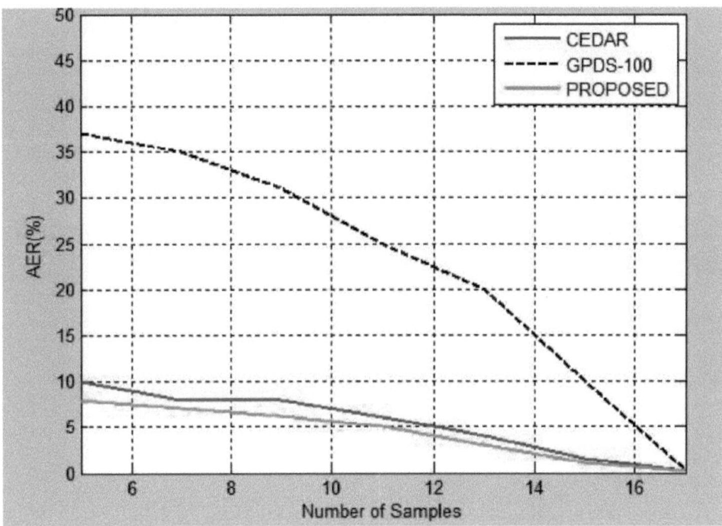

Figure 4.3: AER variations for various numbers of samples

A variação da FAR com diferentes números de amostras é apresentada na figura n4.2 e a variação da AER com diferentes números de amostras é apresentada na figura 4.3 e comparada com o trabalho tradicional.

4.2 Comparação dos classificadores ANN e k-NN

A exatidão e a percentagem de erro são detectadas utilizando os classificadores KNN e ANN na fase de verificação da assinatura e durante a fase de formação do AIR. As características são extraídas utilizando o detetor de arestas Gaussian, Laplacian pyramid e canny edge e, em seguida, o resultado baseado na pontuação é formado e depois são passados para o classificador para ver as amostras correspondentes e não correspondentes e a exatidão. Os resultados das comparações entre os classificadores ANN e k-NN são apresentados na tabela 4.2.

Como podemos ver, ao utilizar a RNA obtemos uma melhor precisão até 90% e ao utilizar a KNN a precisão é de 60%. Além disso, a taxa de erro percentual da RNA é inferior a 10% e a da KNN é de aproximadamente 38%.

Table 4.2: Results of comparison between ANN and k-NN classifier

Classifier	Error Rate (%)	Accuracy (%)	Matched samples	Non matched samples
k- Nearest Neighbor	38	60	37	23
Artificial Neural Network	10	90	55	7

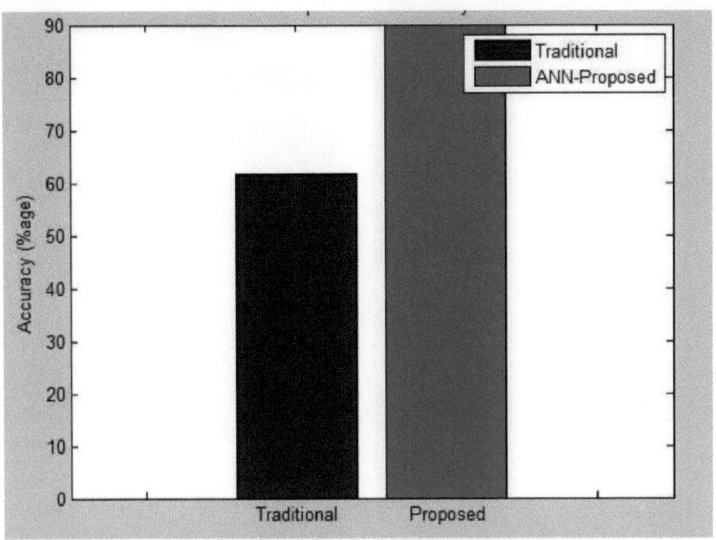

Figure 4.4: Comparison graph of Accuracy

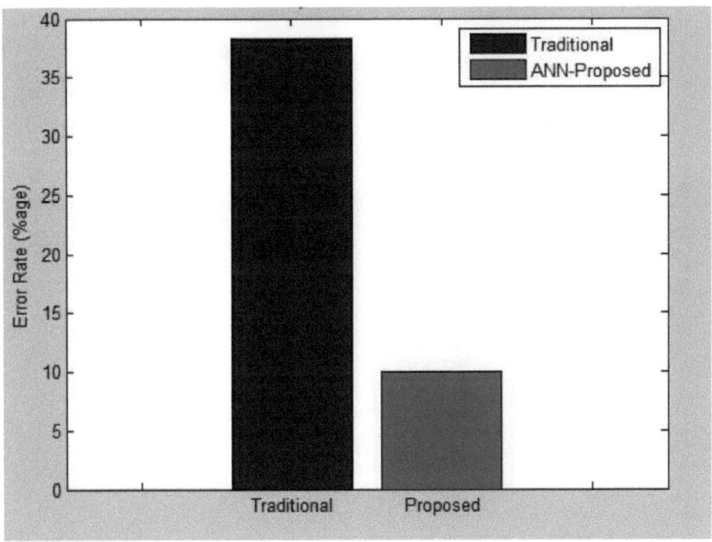

Figure 4.5: Comparison graph of Error Rate

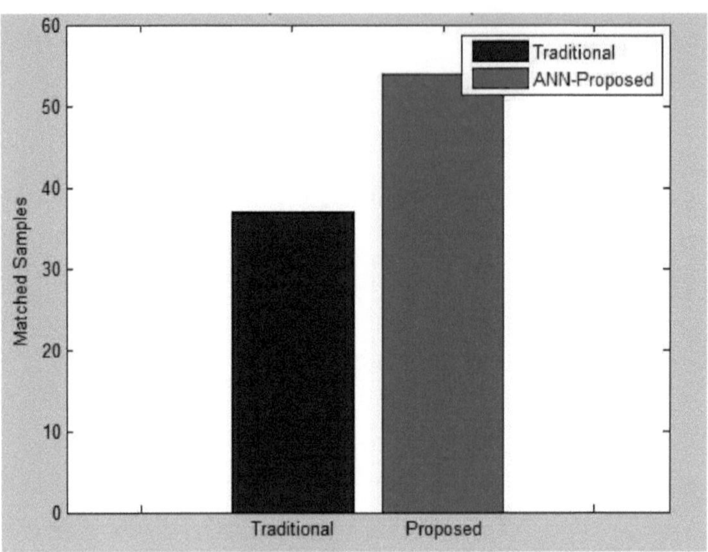

Figure 4.6: Comparison graph of Matched samples

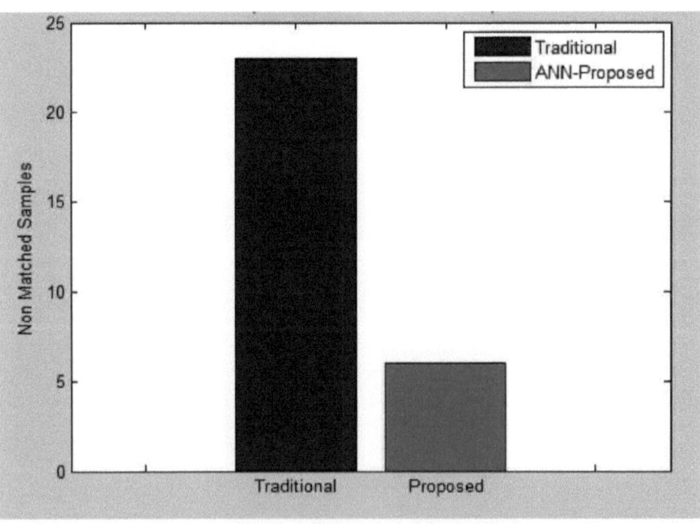

Figure 4.7: Comparison graph for Non Matched samples

As figuras 4.4 -4.7 mostram o gráfico de comparação da exatidão, da taxa de erro e das amostras emparelhadas,

Amostras não coincidentes entre o trabalho tradicional e o trabalho proposto.

4.3   Comparação do resultado do sistema proposto com a técnica existente

A avaliação do desempenho baseia-se na caraterística de caraterização da assinatura. A tabela 4.3 apresenta os resultados obtidos com o método proposto e mostra a comparação com os métodos anteriores. O facto de o FAR ser inferior ao FRR do sistema proposto significa que o sistema discrimina mais assinaturas falsificadas. O FAR é de 9,25%, o FRR é de 10% e o AER é de 12,96%, obtidos a partir do sistema proposto com o conjunto de dados GPDS -100. Assim, a verificação baseada no AIRS apresenta um desempenho comparável ou, por vezes, melhor do que outras. As figuras 4.8-4.10 mostram o gráfico de análise comparativa de FAR, FRR e AER em percentagem entre os resultados tradicionais e os propostos.

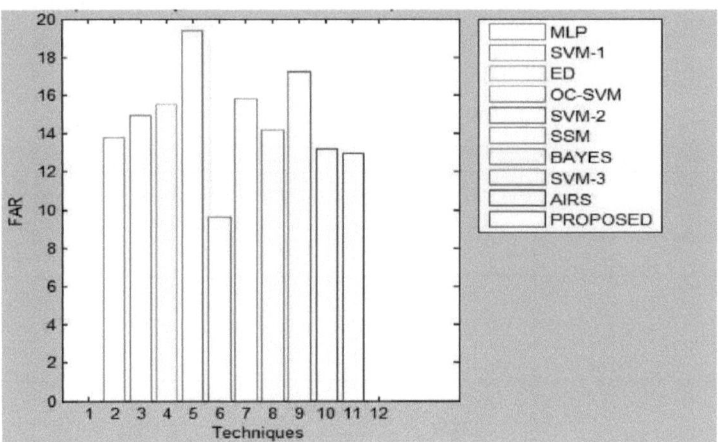

Figure 4.8: Comparative analysis of traditional and Proposed FAR in percentage

Table 4.3: Comparison of the proposed system result obtained with others

FEATURE	CLASSIFIER	GENUINE SIGNATURE	FRR (%)	FAR (%)	AER (%)
Surroundedness	MLP	24	13.76	13.76	13.76
GLCM	SVM	10	24.61	04.92	12.18
Geometric feature	Euclidian distance	16	16.39	15.50	15.94
Curvelet Transform	OC- SVM	12	12.50	19.40	15.95
Chain code histogram	SVM	12	13.16	09.64	11.40
Global traits: slant,width,length..	Structural similarity measure	15	09.62	15.82	12.72
Local interest points	Bayesian		16.40	14.20	15.30
MDF,energy,maxima	SVM	12	17.25	17.25	17.25
GLBP+LRF	AIRS	16	11.38	13.16	12.52
Proposed	Proposed	22	10	09.25	12.96

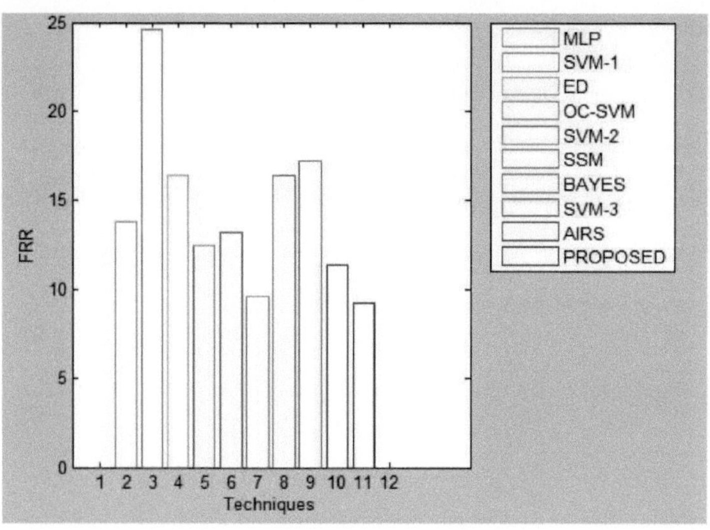

Figure 4.9: Comparative analysis of traditional and Proposed FRR in percentage

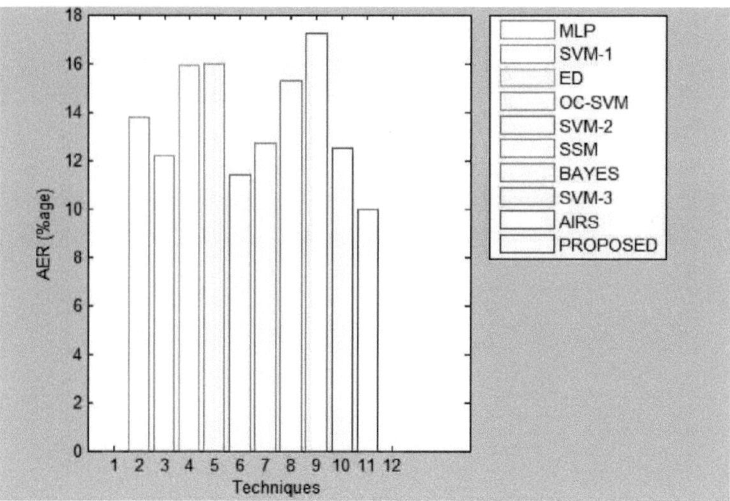

Figure 4.10: Comparative analysis of traditional and Proposed AER in percentage

4.4 Resumo

Neste capítulo, analisámos os resultados experimentais do trabalho proposto. Foram efectuadas diferentes experiências para avaliar o desempenho da abordagem de modelização. Os resultados mostram que a utilização de uma técnica híbrida permite obter melhores resultados. Neste capítulo, é também analisada a comparação entre o classificador tradicional e o proposto. No capítulo seguinte, explica-se a conclusão da tese e o âmbito futuro.

CAPÍTULO 5

CONCLUSÃO E TRABALHO FUTURO

5.1 Conclusão

Este trabalho propõe a utilização de um Sistema de Reconhecimento Imunitário Artificial e de uma Rede Neural Artificial para a verificação de assinaturas offline, com a extração de características da pirâmide Gaussiana, da pirâmide Laplaciana e do detetor de arestas canny. O AIRS é um método que utiliza o mecanismo de aprendizagem do sistema imunitário natural, separando o comportamento normal numa classe e o comportamento anormal noutra classe. Os AIRS são adequados para fins de deteção, como a deteção de anomalias e a deteção de falhas, em comparação com outros classificadores em que a formação garante o mesmo tratamento para todas as classes. O seu algoritmo de treino é fácil porque não se baseia na minimização do erro. O AIRS é o sistema principal do sistema de verificação de assinaturas offline proposto, onde os anticorpos são detectados. Foram efectuadas experiências em conjuntos de dados públicos GPDS-100 de acordo com a abordagem. A comparação revela que o sistema proposto pode ultrapassar os métodos existentes.

O principal objetivo deste estudo era comparar os classificadores ANN e k-NN em duas condições específicas, sendo a primeira a quantidade de amostras utilizadas para treino e, por conseguinte, a segunda a utilização de vários tipos de falsificações. Em cada condição, a RNA apresentou resultados superiores. No entanto, no que respeita à aceitação de falsificações aleatórias e ao pequeno número de amostras utilizadas para treino, a RNA apresentou resultados promissores, demonstrando a capacidade da RNA para detetar falsificações simples e simuladas sem informação prévia. Os resultados obtidos são:

O FAR é de 9,25%, o FRR é de 10%, o AER é de 12,96%, a exatidão é de 90% e a taxa de erro é de 10%, obtidos a partir do sistema proposto com o conjunto de dados GPDS -100.

5.2 Âmbito futuro:

A verificação de assinaturas ainda não está madura, pelo que há muitas opções para o trabalho futuro neste domínio. No futuro, o trabalho pode ser efectuado utilizando um grande número de conjuntos de dados e a assinatura em diferentes línguas pode ser experimentada.

REFERÊNCIAS

[1] Serdouk, Y., Nemmour, H. e Chibani, Y., 2016. Novo método de verificação de assinatura manuscrita off-line baseado no sistema de reconhecimento imunológico artificial. Sistemas Peritos com Aplicações, 51, pp.186-194.

[2] Huang, K. e Yan, H., 2002. Verificação de assinaturas off-line usando correspondência de características estruturais. Pattern Recognition, 35(11), pp.2467-2477.

[3] Fang, B., Leung, C.H., Tang, Y.Y., Tse, K.W., Kwok, P.C. e Wong, Y.K., 2003. Offline signature verification by the tracking of feature and stroke positions. Pattern recognition, 36(1), pp.91-101.

[4] Justino, E.J., Bortolozzi, F. e Sabourin, R., 2005. Uma comparação dos classificadores SVM e HMM na verificação de assinaturas off-line. Pattern recognition letters, 26(9), pp.13771385.

[5] Ferrer, M.A., Alonso, J.B. e Travieso, C.M., 2005. Parâmetros geométricos offline para verificação automática de assinaturas usando aritmética de ponto fixo. IEEE transactions on pattern analysis and machine intelligence, 27(6), pp.993-997.

[6] Van, Bao Ly, Sonia Garcia-Salicetti e Bernadette Dorizzi. "Sobre a utilização do caminho de Viterbi juntamente com a informação de verosimilhança HMM para a verificação de assinaturas online." Systems, Man, and Cybernetics, Part B: Cybernetics, IEEE Transactions on 37.5 (2007): 1237-124

[7] Shanker, A.P. e Rajagopalan, A.N., 2007. Verificação de assinaturas off-line usando DTW. Pattern recognition letters, 28(12), pp.1407-1414.

[8] Bertolini, D., Oliveira, L.S., Justino, E. e Sabourin, R., 2010. Reduzindo falsificações na verificação de assinaturas off-line independente do escritor através de um conjunto de classificadores. Pattern Recognition, 43(1), pp.387-396.

[9] Soleymanpour, E., Rajae, B. e Pourreza, H.R., 2010, outubro. Identificação e verificação offline de assinaturas manuscritas usando transformada de contourlet e Support Vetor Machine. Em Machine Vision and Image Processing (MVIP), 2010 6th Iranian (pp. 1-6). IEEE.

[10] Vargas, J.F., Ferrer, M.A., Travieso, C.M. e Alonso, J.B., 2011. Verificação de assinaturas off-line com base em informações de nível de cinza usando recursos de textura. Pattern Recognition, 44(2), pp.375-385.

[11] Karouni, A., Daya, B. e Bahlak, S., 2011. Reconhecimento de assinaturas offline utilizando uma abordagem de redes neurais. Procedia Computer Science, 3, pp.155-161.

[12] Kumar, R., Sharma, J.D. e Chanda, B., 2012. Verificação de assinaturas off-line independente do escritor utilizando a caraterística surroundedness. Pattern recognition letters, 33(3), pp.301-308.

[13] Kumar, M.M. e Puhan, N.B., 2014. Verificação de assinatura off-line: análise da forma do envelope superior e inferior usando momentos de corda. IET Biometrics, 3(4), pp.347-354.

[14] Hamadene, A. e Chibani, Y., 2016. Verificação de assinatura offline independente do escritor de uma classe usando o limite de dissimilaridade de recursos. IEEE Transactions on Information Forensics and Security, 11(6), pp.1226-1238.

[15] Gruber, Christian, et al. "Online signature verification with support vetor machines based on LCSS kernel functions." Systems, Man, and Cybernetics, Part B: Cybernetics, IEEE Transactions on 40.4 (2010): 1088-1100.

[16] Sae-Bae, Napa, e Nasir Memon. "Verificação de assinatura online em dispositivos móveis". Information Forensics and Security, IEEE Transactions on 9.6 (2014): 933-947 45- [17] Zhao, Z., Shen, Q. e Ren, F., 2013. Sistema biométrico de som do coração baseado na análise do espetro marginal . Sensores, 13(2), pp.2530-2551

[18] Vineeta malik et al, "Um documento de revisão sobre a verificação de assinaturas", IJRASET, Vol 3, Issue 6, Pp 670-674, 2015

[19] Yogesh V.J et al, "Sistema de verificação de assinaturas offline e online: A Survey", IJRET, Vol 3, Issue 3, PP 328-332, 2014

[20] Rishab Jain et al, "Um artigo de revisão sobre a verificação de assinaturas OFFLINE utilizando a retropropagação", IJIRCCE, Vol 4, Issue 4, Pp 6544-6549, 2016

[21] Hamadene, A. e Chibani, Y.,   2016. Offline independente do escritor de uma classe

Verificação de assinaturas usando limiar de dissimilaridade de características. IEEE Transactions on Information Forensics and Security, 11(6), pp.1226-1238

[22] Mujahed Jarad et al, "Offlien Handwrtten Verification System using a supervised Neural Network Approach", Research Gate , International Conference onj CSIT, Vol 188195, 2014

[23] K.N.Pushpalatha et al, "Verificação de assinatura offline com deteção de falsificação aleatória e qualificada usando recursos de domínio polar e modelo de regressão de classificação em vários estágios", IJAST, Vol 59, Pp 27-40, 2013

[24] M.Nikita Thawkar et al, "Documento de revisão sobre a verificação de assinaturas em linha em dispositivos tácteis", IJRITCC, Vol 3, Issue 5, Pp 65-67, 2015

[25] Ashwini Pansare et al, "Handwritten Signature Verification using Neural Network", IJAIS, Vol 1, Issue 2, Pp 44-50, 2012

[26] Radmehr, M., Anisheh, S.M. e Yousefian, I., 2012. Reconhecimento de assinatura offline usando a transformada de Radon. Academia Mundial de Ciência, Engenharia e Tecnologia, 62, pp.364-368.

[27] Robert, S.N. e Thilagavathi, B., 2015, março. Verificação de assinatura offline usando máquina vetorial de suporte. Em Inovações em Sistemas de Informação, Embarcados e de Comunicação (ICIIECS), 2015 International Conference on (pp. 1-6). IEEE.

[28] Zhen, D., Zhao, H.L., Gu, F. e Ball, A.D., 2012. Distorção dinâmica do tempo baseada na compensação de fases para o diagnóstico de falhas utilizando o sinal de corrente do motor. Measurement Science and Technology, 23(5), p.055601

[29] "Ficheiro:HiddenMarkovModel.svg." Wikimedia Commons, o repositório de mídia livre. 22 Jan 2012, 01:20 UTC.11 Jul 2017, 08:28

[30] Faria, F.A., dos Santos, J.A., Rocha, A. e Torres, R.D.S., 2012, agosto. Fusão automática de classificadores para reconhecimento de produtos. Em Gráficos, Padrões e Imagens (SIBGRAPI), 2012 25th SIBGRAPI Conference on (pp. 252-259). IEEE.

[31] Chitra, N. e Nijhawan, G., 2014. Reconhecimento de expressão facial usando padrão binário

local e máquina de vetor de suporte.

[32] Negm, A.M., Mohamed, H., Zahran, M. e Abdel-Fattah, S., 2016. Estimativa da batimetria usando imagens de satélite de alta resolução: Estudo de Caso do Lago El-Burullus, Delta do Nilo Setentrional

[33] Deepti Yadav et al, "Comparative Analysis of Offline Signature Verification System", IJSP, Vol 8, Issue 11, pp 355-364

Printed by Books on Demand GmbH, Norderstedt / Germany